海洋动物大探秘

海底小纵队

英国 Vampire Squid Productions 有限公司 / 著绘

海豚传媒 / 编

水中巨兽

长江出版传媒 | 长江少年儿童出版社

LET'S GO

亲爱的小朋友，我是巴克队长！欢迎乘坐章鱼堡，开启美妙的探险之旅。

这次我们要去认识海洋里九位**身体庞大**的朋友，你准备好了吗？

现在，一起出发吧！

目　录

海底档案

名称：鲸鲨

体长：可达20米

特征：体表分布着浅色
　　　斑点，有如棋盘

分布：热带和温带海域

鱼中之王
鲸鲨

巴克队长给大家展示了一张鲸鲨的图片，屏幕上的鲸鲨居然比公交车还大！原来，鲸鲨是海洋里最大的鱼类，最长可达 20 米。尽管体形巨大，它们的性情却十分温和。

鲸鲨多为灰褐色和蓝褐色，体表散布着许多浅色斑点和横纹，两者互相交错，仿佛一个巨大的棋盘。每头鲸鲨的斑点分布都独一无二，斑点就是它们的"身份证"！

巴克队长：

"大家远离鲸鲨，小心别被它吞了！"

5

皮医生正在给鲸鲨做检查。鲸鲨是滤食动物，进食方式十分特别。它们会将食物和水一起吸进去，然后将水从鳃部排出来，过滤后留下的食物会被它们吞下。

鲸鲨的嘴巴宽度可达 1.5 米，有一次达西西不小心跑进了鲸鲨的嘴里，原来她把鲸鲨的大嘴当成了"洞穴"。鲸鲨的牙齿数量多但比较细小，并不是它们的进食工具。

鲸鲨拥有 5 对巨大的鳃。为了救达西西，皮医生轻轻挠了挠鲸鲨的鳃，趁鲸鲨张大嘴巴时，达西西逃了出来。

**** 鲸 鲨 ****

海底报告

鲸鲨当之无愧
是海洋里最大的鱼
它们能张开大嘴
吃掉里面游动的东西
尽管鲸鲨张大嘴巴
它们的食物却一点都不大

悄悄告诉你

鲸鲨以浮游生物和小型鱼类为食，主要依靠嗅觉来发现猎物。

≫

鲸鲨的皮肤厚度可达 15 厘米，能有效地抵御其他生物的攻击。

≫

鲸鲨是卵胎生动物，它们会先把卵留在体内，待幼鲨长到 40 多厘米时再将其排出体外。

答：它们会将食物和水一起吸进嘴里，然后排出海水，吞下食物。

海底档案

名称：蓝鲸

特征：尾巴宽阔而扁平，
身体呈流线型

分布：四大洋

食物：磷虾、小鱼等

海底最强音
蓝 鲸

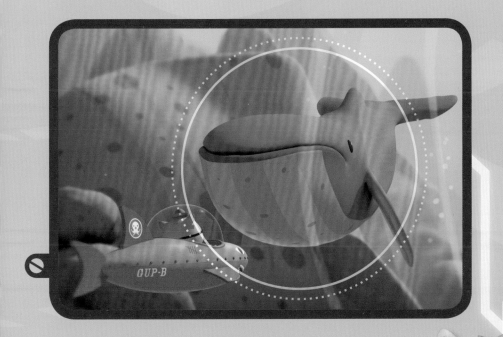

呱唧返回章鱼堡时遇到了一头蓝鲸。蓝鲸是最大的鲸类，也是地球上最大的哺乳动物。它们的体长一般在 20 米左右，体重相当于 2000~3000 个人的体重的总和。

蓝鲸是世界上声音最大的生物，会用一种低频率、高分贝的声音和同伴交流。蓝鲸的发声频率常低于人类能察觉的最低频率——20 赫兹。

呱唧：

"蓝鲸还真是海底最强音啊！"

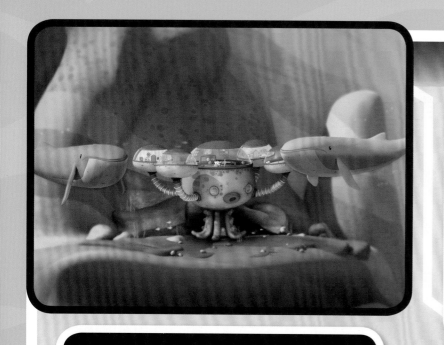

章鱼堡在检修的过程中一直发出噪音，吵得附近的小鱼都游走了，有两头蓝鲸却从不同的方向循声而来，相聚在章鱼堡外。原来，它俩都把检修噪音当成了同伴的呼唤声。

蓝鲸的身体里有一个超大容量的肺，能够容纳 1000 多升的空气，每隔十多分钟它们才露出水面换一次气。蓝鲸呼气时会带起一股长达 10 米的水柱，犹如海上喷泉，十分壮观。

>>>>>海星问答区>>>>> 问：地球上最大的哺乳动物是什么？

磷虾是蓝鲸的主要食物，蓝鲸的胃口极大，一次可以吞食大约 200 万只磷虾。它们每天要吃掉 4~8 吨食物，当它们肚子里的食物少于 2 吨时，就会感到饥饿。

悄悄告诉你

蓝鲸平时行动缓慢，但在被追逐时，它的游速可达每小时 48 千米。

》

蓝鲸依靠摆动尾巴来控制方向，尾巴就是它们前行时的舵。

》

蓝鲸很少成群结队地活动，大多数蓝鲸都独自行动，或者与自己的伴侣形影不离。

**** 蓝 鲸 ****

海底报告

蓝鲸家族有女也有男
全靠声呐彼此来相见
声呐帮它度过每一天
引导它们巡游大海间
看见蓝鲸千万睁大眼
看清世上最大的它

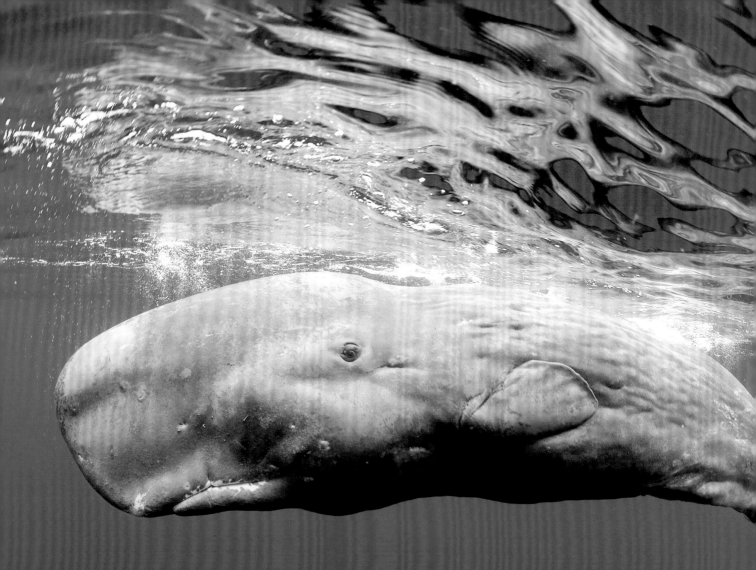

海底档案

名称：抹香鲸

体长：可达18米

分布：全世界不结冰的海域

食物：乌贼、章鱼等

潜水行家
抹香鲸

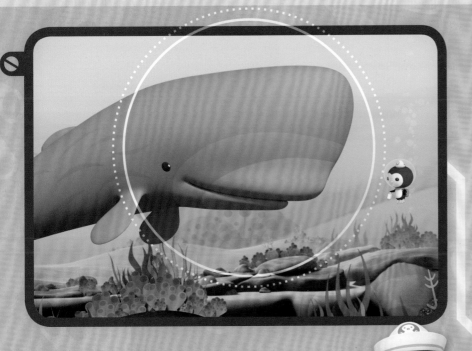

抹香鲸是体形最大的齿鲸，体重能超过 50 吨。它们巨大的脑袋占了身体的三分之一，尾部又极其轻小，不协调的比例让它们看起来像大蝌蚪。

皮医生准备给一头抹香鲸治病，但抹香鲸并不领情，还露出牙齿威胁皮医生。原来，抹香鲸十分害怕虎鲸，它把皮医生当成了虎鲸。

皮医生：

"不要怕，我不是虎鲸！"

抹香鲸们喜欢群居，很少独自行动。一个鲸群少则有数十头鲸，多则有两三百头鲸。这些鲸群多由雌鲸和它们的仔鲸构成，雄鲸在成年后会离开鲸群向高纬度海域移动。

抹香鲸是世界上潜水最深、潜水时间最长的哺乳动物，最深可潜 2200 米，能在水下待两小时之久。在潜水的间隙，它们会浮在水面上休息。

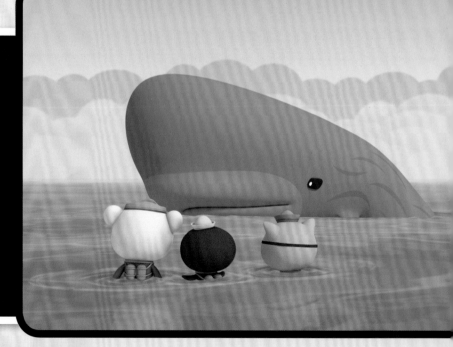

抹香鲸爱吃乌贼，但消化不了乌贼的嘴，它们会在肠内结成一种黏稠的物质。这些物质干燥后即为龙涎香，是名贵的中药，也是珍贵香料的原料，抹香鲸也因此得名。

悄悄告诉你

抹香鲸的右侧鼻孔天生阻塞，只有左侧鼻孔能够呼吸，它们浮出水面呼吸时身体总是向右侧倾斜。

抹香鲸游泳速度很快，每小时可达 20 千米。

雌鲸和雄鲸体形差异很大，成年雄鲸的体长通常比雌鲸长三分之一，体重可达雌鲸的两倍。

**** 抹香鲸 ****
海底报告

抹香鲸们深海潜
寻找美食来饱餐
需要呼吸去水面
发起飙来威风显
头大尾巴也不小
遇上逆戟鲸，吓得赶紧逃

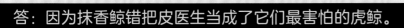

海底档案

名称：座头鲸
体长：13~18米
分布：世界各大洋
食物：小型甲壳动物和小
　　　型鱼类

天生歌唱家
座头鲸

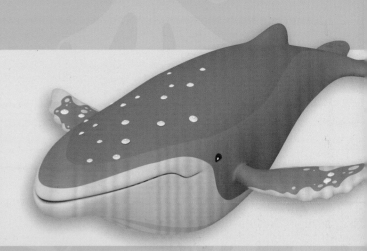

座头鲸体积庞大，雌性座头鲸体重可达 30 吨。它们的胸鳍极长，长度可达体长的三分之一，形状如同鸟儿的翅膀，座头鲸又被称为大翅鲸。

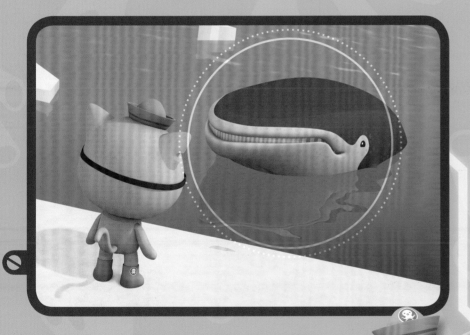

座头鲸在捕食时会吐出泡泡，将猎物包围后吞食。座头鲸曾用泡泡围住一群沙丁鱼，帮海底小纵队找到了被沙丁鱼误食的钥匙。

呱唧：

"别看座头鲸个头大，它们的食物可真是小！"

17

越冬期间，座头鲸常常好几个月不进食。为了维持庞大的身体所需的体能，它们会在夏季吃大量的食物，有时会连续进食18个小时。

座头鲸是海底的"歌唱家"，雄性座头鲸每年大约有6个月的时间整天都在唱歌。它们并不是毫无章法地乱叫，而是按一定的节拍发声，这是它们与同伴沟通的一种方式。

座头鲸是一种十分重感情的动物，它们性情温顺，一般成对活动，同伴之间常通过相互触摸来表达感情。年幼的仔鲸常常会将双鳍搭在雌鲸身上，依偎前行。

悄悄告诉你

座头鲸是一夫一妻制，当雌鲸带着幼崽时，常会有一头雄鲸紧随其后，保驾护航。

座头鲸的背部向上拱起，线条十分优美，因此也被人们称为弓背鲸。

座头鲸
海底报告

座头鲸们会唱歌
歌声帮它们联络
天生最爱吃磷虾
追来追去真快活
磷虾真的不好捉
吐出泡泡圈，吃到打饱嗝

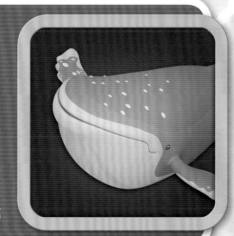

答：座头鲸是海里的"歌唱家"，它会通过唱歌来与同伴交流。

海底档案

名称：海牛

体长：可达4米

分布：大西洋温暖水域

食物：水草等水生植物

海洋除草机
海 牛

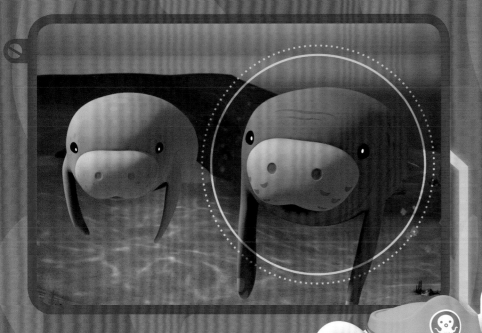

海底风暴来袭，为了防止雷电击中海牛，海底小纵队必须把它们转移到安全区。但海牛们不慌不忙地缓慢移动，可把呱唧急坏了。原来，海牛天生动作迟缓，游泳速度慢。

海牛的身体巨大，但脂肪相对较少，所以它们无法在寒冷的水域生存。当水温低于 16℃ 时，它们就会往温暖的水域迁移。

巴克队长：

"海牛怕冷，缓慢地游泳能够保持体温！"

21

海牛是草食动物，且食量很大，每天吃的水草重量相当于其体重的5%~10%，有着"水中除草机"之称。长期咀嚼水草使得海牛的牙齿磨损很快，但好在它们的牙齿能够持续再生。

海牛是珍稀的海洋哺乳动物，数量极少，正濒临灭绝。在哺乳时，雌海牛会用双鳍将小海牛抱在胸前，半躺在水面喂奶，动作神似人类，因此被人们称为"美人鱼"。

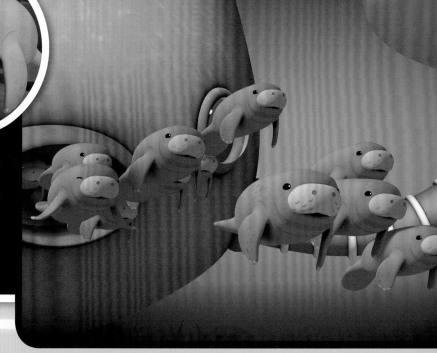

>>>>>海星问答区>>>>> 问：海牛的牙齿磨损了怎么办？

海牛常栖息在浅海，每隔几分钟，它们就要到海面呼吸。海牛呼吸时会仰头露出它的两个有"盖"的鼻孔，鼻孔上的"盖子"会像门一样打开。

**** 海 牛 ****

海底报告

海里偶然遇海牛
水面呼吸水里游
悠闲漂浮在海中
气定神闲慢悠悠
自在生活无忧虑
海草吃不停，结伴一起走

悄悄告诉你

海牛的消化道总长度可达 45 米，远远超过其它同等体积的哺乳动物。

海牛原是陆地上的居民，是大象的远亲。

海牛的食物充足，不用捕食，每天自由的睡眠时间长达 12 个多小时。

答：海牛的牙齿能够再生，磨损脱落后可以长出新牙。

海底档案

名称：灰鲸

体长：可达15米

特征：无背鳍

分布：北太平洋及相邻海域

躲藏高手
灰 鲸

达西西和妹妹在海底发现了许多藤壶壳，她们沿着藤壶壳寻找，居然发现了一头灰鲸。灰鲸身上布满了鲸虱和藤壶，它已经习惯了这些体外寄生物的存在。

达西西找到的那头灰鲸正在海藻林里躲避虎鲸。原来，虎鲸是灰鲸的天敌，它们常常袭击灰鲸。为了躲避袭击，灰鲸有时会躲在海藻林里，有时会将肚皮朝上浮在水面上装死。

皮医生：

"原来灰鲸也怕虎鲸！"

25

灰鲸的体长一般在 10~15 米之间，体重能超过 30 吨。灰鲸没有背鳍，但背脊清晰可见，在它的背脊上有 8~15 个驼峰状的隆起，第一个最大，越靠近尾部的越小。

灰鲸幼时多为黑灰色，成年后则呈褐灰色或浅灰色。它们的皮肤常常凹凸不平，有被岩石擦伤的痕迹，也有藤壶等寄生动物附着后留下的痕迹。

　>>>>>海星问答区>>>>>　问：灰鲸如何躲避虎鲸的袭击？

从摄食场所到繁殖场所，灰鲸需要南北洄游数万千米。它们是哺乳动物中迁移距离最长的物种，迁移距离一般在 10000~22000 千米之间。

**** 灰 鲸 ****
海底报告

灰鲸们爱四处蹭
为了觅食也保持干净
藤壶附着在表皮
没有背鳍只有凸起
灰鲸最爱躲在海藻林
虎鲸找不到，危险说拜拜

悄悄告诉你

灰鲸的游速很慢，一般为每小时 5~8 千米，最快也不超过每小时 15 千米。

≫

灰鲸的潜水深度约为 100 米左右，潜水时间可持续十多分钟。

≫

灰鲸主要以小型甲壳动物和群游鱼类为食。

答：灰鲸经常采用装死或者躲藏的办法避开虎鲸的袭击。

海底档案

名称：翻车鱼

体长：可达5.5米

分布：热带和温带海域

食物：主食水母

爱晒太阳的鱼
翻车鱼

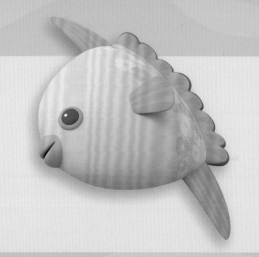

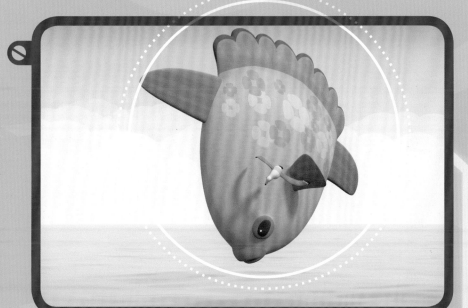

呱唧在海上遇到了一条头骨巨大的翻车鱼。它是世界上形状最奇特的鱼之一，身体又大又扁，体重可达 2 吨。翻车鱼经常侧着身体浮在水面晒太阳，人们也叫它太阳鱼。

翻车鱼有强大的生殖能力，一条雌鱼一次可产约 3 亿枚卵，但受自然因素的影响，每次大约只有 30 条鱼能存活。尽管如此，翻车鱼仍是海洋中的产卵冠军。

呱唧：
"看，翻车鱼又在水面晒太阳了！"

翻车鱼出生时体长仅有 2.5 毫米左右，成年后体长可达 3 米，体重则比幼鱼时期增加了近 6000 万倍，是动物界不折不扣的生长冠军。

翻车鱼身上的寄生虫数量极多，它们常跃出水面抖落寄生虫。皮医生曾为了治疗翻车鱼的痒痒病，让小鱼和海鸥一起啄食翻车鱼身上的寄生虫。

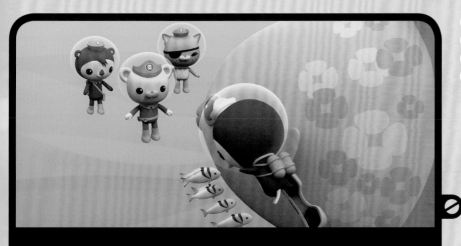

翻车鱼的皮肤上常常附着着许多发光动物，每当游动时，身上便会发出亮光，远看就像一轮明月，故又有月亮鱼的美名。

悄悄告诉你

翻车鱼能够像鸟类和哺乳动物一样保持身体恒温，以便能持续栖息在有食物的水域。

翻车鱼靠摆动背鳍和臀鳍前进，所以游泳速度十分缓慢。

**** 翻车鱼 ****
海底报告

翻车鱼身体圆又大
最重的鱼就是它
身上会长寄生虫
为止痒飞跃腾空
只要躺在水面上
海鸥和小鱼，一起清洁它

答：它们会跃出水面抖落寄生虫，或躺在水面让鱼和海鸥吃寄生虫。

海底档案

名称：魔鬼鱼

体宽：可达7米

特征：身体扁平，体宽大
　　　于体长

食物：浮游生物、小鱼等

海中风筝
魔鬼鱼

达西西在水下拍照时遇到了一群魔鬼鱼，远远看去，它们像一排巨型的海中风筝，十分飘逸。魔鬼鱼没有背鳍，只有两片巨大的三角形胸鳍。

魔鬼鱼的肚皮上常吸附着吸盘鱼，它们是和谐的共生关系。魔鬼鱼的胸鳍上有特殊的保护黏液，达西西拍照时不小心撞伤了魔鬼鱼的鳍，只得向皮医生求助。

达西西：

"伙计，刚刚的转身漂亮极了！"

魔鬼鱼擅长飞跃，它们会在海中以旋转的方式盘旋上升，并不断地加快转速和游速，在跃出水面后还会来个漂亮的空翻。魔鬼鱼最高能跃出 4 米，落水时发出巨响，场面十分壮观。

魔鬼鱼进食时会先用胸鳍把食物拨进嘴里，再通过鳃过滤掉海水，然后吞下食物。海底小纵队曾参加了魔鬼鱼的聚食盛宴，盛宴上全是魔鬼鱼爱吃的磷虾！

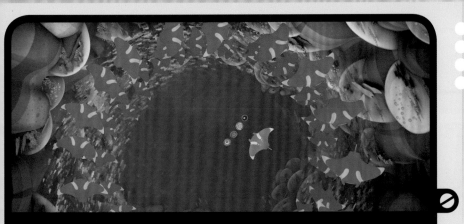

魔鬼鱼被人称为"水下魔鬼",但实际上它们的性格非常温和,没有攻击性。只有在受到惊扰的时候,魔鬼鱼才会反击,它们的力量足以击毁一艘小船。

悄悄告诉你

小魔鬼鱼一生下来就很大,体重可达 20 千克,体长约为 1 米。

≫

魔鬼鱼在海洋中已有 1 亿年的历史,是原始鱼类的代表。

≫

因魔鬼鱼飘逸的外形与蝙蝠相仿,人们也称其为蝠鲼。

**** 魔鬼鱼 ****
海底报告

魔鬼鱼爱往高处蹿
离开水面飞翔在蓝天
它们的皮肤不一般
浑身被黏液沾满
魔鬼鱼磷虾吃得欢
聚在一起吃,围成一大圈

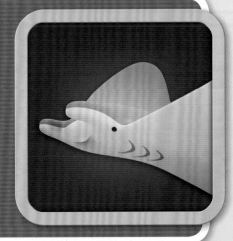

答:它们先用胸鳍把食物拨进嘴里,再通过鳃过滤掉海水后吞下食物。

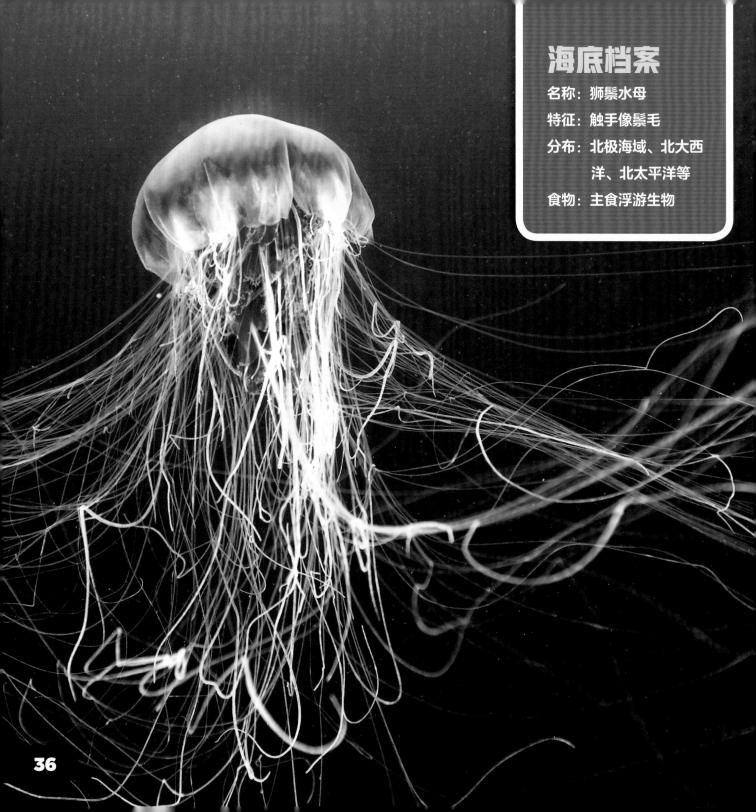

海底档案

名称：狮鬃水母

特征：触手像鬃毛

分布：北极海域、北大西
洋、北太平洋等

食物：主食浮游生物

长毛刺客
狮鬃水母

狮鬃水母体形巨大，它们的伞形躯体直径可达两米。触手数量可达 150 条，有的触手长度超过 35 米，狮鬃水母捕食和防御敌人都离不开它们！

狮鬃水母的触手能为小鱼提供保护，海底小纵队亲眼见证了它保护船头鱼的场景。同时，狮鬃水母触手上的毒刺也是伤人利器，人类被划伤后会中毒身亡。

皮医生：

"小心！狮鬃水母的毒刺会伤人！"

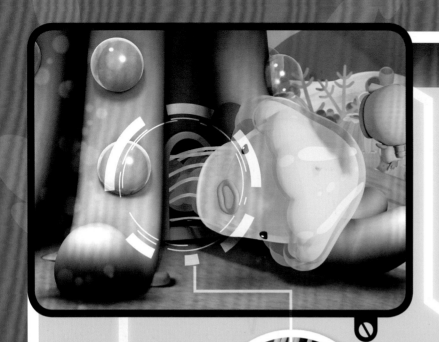

狮鬃水母不擅长游泳，它们会随着洋流慢慢漂流。一次，一只狮鬃水母不小心被吸进了章鱼堡里，皮医生帮它解开纠缠的触手后，将它送回了大海。

狮鬃水母身体的颜色多变，还会在水中发光。当它们在海中游动时，仿佛一个光彩夺目的彩球，这一神奇的特性吸引了不少猎物自动献身。

在遇到危险时，狮鬃水母会扩张伞状身体里的特殊肌肉组织，让海水流入身体，然后迅速收缩，把水排出体外。它们通过这种喷水的方法朝相反的方向移动，躲避敌人的进攻。

狮鬃水母
海底报告

狮鬃水母海里长
海洋世界它最长
它们天生热心肠
保护小鱼身边藏
触手就像长绳子
若是被侵犯，触手蜇敌忙

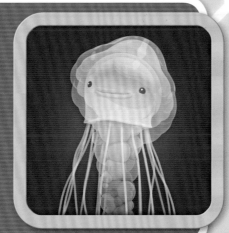

悄悄告诉你

狮鬃水母的寿命可达4 年，相对平均寿命只有几个月的水母种群来说，它们十分长寿。

狮鬃水母身体的颜色会随年龄增长由红色变成粉色。

答：它们会利用身体发光的特性吸引猎物。

图书在版编目 (CIP) 数据

海底小纵队·海洋动物大探秘.水中巨兽／海豚传媒编.－－武汉：长江少年儿童出版社，2018.11

ISBN 978-7-5560-8688-7

Ⅰ.①海… Ⅱ.①海… Ⅲ.①水生动物－海洋生物－儿童读物 Ⅳ.① Q958.885.3-49

中国版本图书馆 CIP 数据核字 (2018) 第 156671 号

水中巨兽

海豚传媒 / 编

责任编辑 / 王 炯　张玉洁　何亚男

装帧设计 / 刘芳苇　美术编辑 / 魏嘉奇

出版发行 / 长江少年儿童出版社

经　　销 / 全国新华书店

印　　刷 / 佛山市高明领航彩色印刷有限公司

开　　本 / 889×1194　1 / 20　2印张

版　　次 / 2022年2月第1版第2次印刷

书　　号 / ISBN 978-7-5560-8688-7

定　　价 / 15.90元

本故事由英国Vampire Squid Productions 有限公司出品的动画节目所衍生，OCTONAUTS动画由Meomi公司的原创故事改编。

策　　划 / 海豚传媒股份有限公司

网　　址 / www.dolphinmedia.cn　邮　　箱 / dolphinmedia@vip.163.com

阅读咨询热线 / 027-87391723　销售热线 / 027-87396822

海豚传媒常年法律顾问 / 湖北珞珈律师事务所　王清 027-68754966-227